Кирилл Левин

ТЕРМОДИНАМИКА ОТ МИКРО ДО МАКРО. ЗАРОДЫШЕОБРАЗОВАНИЕ НА ПОВЕРХНОСТИ

Учебное-методическое пособие
с задачами и примерами

Издательство
Science Impact
USA Charleston SC
2017

Термодинамика от микро до макро. Зародышеобразование на поверхности

Учебно-методическое пособие

Данное пособие может служить материалом для нескольких лекций по термодинамике, физической химии. Рекомендовано преподавателям, читающим лекции и ведущим практические занятия и студентам. В пособии подробно разбираются Первый и Второй закон термодинамики и механизмы поверхностного зародышеобразования.

© Все права защищены. Ни одна из частей этой книги не может быть воспроизведена, сохранена в воспроизводящем устройстве или передана в электронном, электростатическом, магнитном, ленточном, механическом фотокопирующем устройстве без письменного разрешения.

Редактор: проф. А.Г. Сырков
Художник: Елизавета Крюкова

Кирилл Левин, Санкт-Петербургский горный университет, факультет Фундаментальных и гуманитарных дисциплин, кафедра Общей и технической физики

Опубликовано издательством Science Impact, South Carolina, Charleston, USA. Email: impact_press@hotmail.com

Science impact, SC, USA, 2017

© Kirill Levine, 2017

УДК 541.1(075.8)
ББК 24.5

Об авторе

Автор закончил радиофизический факультет Ленинградского Политехнического института, ныне Санкт-Петербургского Политехнического университета. Получил степень доктора философии в университете Цинциннати (Огайо) (UC) на факультете материаловедения и химической инженерии. Работал пост-доком в университете штата Северная Дакота (NDSU) специализируясь в области электрохимии и защиты от коррозии, далее преподавал там же аналитическую химию. Далее преподавал в Санкт-Петербургском Политехническом университете, читая курс физической химии наноструктурированных материалов. В настоящее время преподает в Санкт-Петербургском Горном университете все разделы общей физики, изучаемые студентами младших курсов.

С 2010 г является главным редактором журнала «Умные нанокомпозиты» (Nova Science Publishers, NY).

Об изучении нанотехнологий в Горном университете

Продолжая традиции П.П. Веймарна, в Горном университете работает семинар по нанотехнологиям, проводимый проф. А.Г. Сырковым. В 2015 г семинар отметил 10 летний юбилей. Начиная с 2014 г. в Горном университете проходит международный симпозиум Нанофизика и наноматериалы (НиН).

Введение
Термодинамика и нанотехнологии

Как известно, термодинамика это наука о том, могут ли протекать те или иные реакции в принципе. Она ничего не говорит о том, произойдет или нет та или иная химическая реакция за определенный промежуток времени. Примером может служить окисление алюминия. Химически чистый алюминий мгновенно окисляется при нормальных условиях. В действительности промышленность использует изделия из этого металла в течении десятков лет. Все дело в оксидной пленке, предохраняющей алюминий от окисления. В данном примере термодинамика говорит об отдаленной перспективе, оставляя в стороне краткосрочную. Напротив, описывая газовые законы, термодинамика весьма точно характеризует самое ближайшее поведение системы.

Именно поэтому в нанотехнологиях активно используют термодинамику. Однако подходы, применяемые на микроскопическом и нано уровнях требуют существенной коррекции по сравнению с классическими размерами.

В России родоначальником нанотехнологий можно считать выпускника Горного университета П.П. Веймарна [1], который в 1908 – 1915 гг на основании изучения им коллоидных гетерогенных систем сформулировал, что между миром микро и миром макро существует особая прослойка, называемая нано, размер которой принадлежит к области между 10^{-5} и 10^{-9} м. Таким образом, концептуально им были сформулированы основы нанотехнологии [2, 3].

На основании развития микроэлектроники, почти через 50 лет, в 1959г. подобные идеи были сформулированы Ричардом Фейманом в его речи на заседании американского Физического общества в калифорнийском Технологическом университете. Лейтмотивом речи было утверждение о том, что «внизу полным полно места» (there's plenty of room at the bottom) [4].

Основные законы термодинамики

Поверхность можно определить как межфазную границу.

¹ Фазой называется однородная по своим физическим характеристикам и химическому составу часть системы, отделенная от других частей системы поверхностями раздела. В более общем случае, поверхность может существовать и между неоднородными системами. Можно считать состояние вещества по крайней мере под поверхностью однородным для того, чтобы рассмотреть основные закономерности термодинамики поверхности. В большинстве термодинамических подходов используется понятие идеальной поверхности, то есть такой, передача энергии через которую отсутствует. Примером такой поверхности может служить стенка с нулевой теплопроводностью В реальности, конечно же, ни одна поверхность не является идеальной, то есть теплопроводность через нее больше нуля, к примеру калориметр, сосуд Дюара или термос.

Первый закон термодинамики

Можно сформулировать первый закон термодинамики, согласно которому энергия в изолированной системе есть постоянная величина (энергия не появляется и не исчезает, она переходит из одной формы в другую),

---

[1] Значком «авторучка» выделены определения.

$$\delta Q = dU + \delta A \qquad (2)$$

✎ Согласно **первому закону термодинамики**, *количество теплоты* δQ, *переданное системе, расходуется на изменение внутренней энергии системы* dU *и работу* δA, *совершаемой против внешних сил.*

Первый закон отрицает возможность существования вечного двигателя первого рода, то есть такого, который совершает работу больше, чем то количество теплоты, которое ему передается.

Энтропия

Важнейшим понятием термодинамики является понятие энтропии. Энтропия (S) относится к так называемому координатному состоянию вещества. Примером координатного состояния является объем механической системы (механическое координатное состояние). Химической или фазовой координатой является количество молей вещества. Аналогично вводим понятие энтропии как тепловой координаты состояния.

Согласно термодинамическому определению:

✎ **Энтропия** *это величина, полный дифференциал которой равен нулю в обратимом процессе.*

✒ ***Обратимым*** *называется процесс, начальное состояние которого равно конечному.*

Согласно статистическому определению,

✒ ***Энтропией*** *называется статистический вес системы (число всех возможных состояний, в которых может находиться система).*

Из статистического определения следует, что энтропия: это мера беспорядка.

Пример

Представим себе систему, состоящую трех

✒ **бинарных** *ячеек, то есть таких, состояние которых можно охарактеризовать либо нулем, либо единицей.* Пусть каждая из ячеек может быть либо пустой, либо заполненной. Зададимся вопросом, чему равно число всех возможных состояний данной системы. Простейший подсчет показывает, что оно равно 8.

0	0	0
0	0	1
0	1	1
1	1	1
1	1	0
1	0	0
1	0	1
0	1	0

Согласно статистическому определению, энтропия данной системы будет равняться.

$$S = ln2^N = N\,ln2 \qquad (3)$$

Нетрудно заметить, что заданная таким образом энтропия является безразмерной величиной, поскольку логарифм есть величина безразмерная. Даже если бы энтропия не задавалась логарифмом, а составляла полное число всех возможных состояний системы, она бы все равно оставалась безразмерной величиной.

Невозможно непосредственно измерить энтропию, но возможно измерить температуру T и записать для элементарного количества теплоты Q:

$$\delta Q = TdS \qquad (4)$$

Первое, на что можно обратить внимание при рассмотрении данного выражения (выведенного из термодинамического определения энтропии) это тот факт, что температура должна иметь размерность энергии Q, то есть Джоуль. Но это не так. Температура имеет размерность градусов, которые в системе СИ являются градусами по Кельвину. Как же разрешить это противоречие? Ответ приходит из исторического зарождения понятия «температура». Температуру измеряли по смене агрегатных состояний (замерзание и парообразование) между двумя контрольными точками. Так возникла шкалы по Реомюру, Фаренгейту, Цельсию. В промежутках между контрольными точками температуру определяли по степени термического расширения таких веществ как спирт, вода или ртуть. Данные виды температур не были привязаны в понятию внутренней энергии тела, так как возникли еще до работ Джоуля, Томпсона и Майера. Когда такая необходимость настоятельно возникла, ввели шкалу температуры по Кельвину, имеющею всего одну реперную точку: температуру абсолютного нуля. В силу исторических соображений, единица температура по-прежнему называлась «градусом».

Связь температуры с внутренней энергией E, определяет соотношение:

$$E = k_b T \qquad (5)$$

где k_b – пост. Больцмана $1{,}38 \cdot 10^{-23}$ Дж/К.

Из формулы (4) следует, что при подводе теплоты энтропия возрастает. Поскольку измерение энтропии представляет в ряде случаев принципиальные сложности, используют более удобное для экспериментатора понятие теплоемкости C:

$$\delta Q = C dT \qquad (6)$$

Удельной теплоемкостью называется энергия, которую необходимо сообщать телу единичной массы для изменения его температуры на один градус.

Второй закон термодинамики

Согласно второму закону термодинамики, теплота не может переходить от менее нагретого тела к более нагретому. Из второго закона следует невозможность создания так называемого вечного двигателя второго рода, то есть такого, в котором работа совершается за счет перехода теплоты от более холодного тела к менее холодному.

Второй закон термодинамики можно переформулировать как закон возрастания энтропии:

$$\delta S \geq 0 \qquad (7)$$

словесно формулирующийся следующим образом: энтропия изолированной системы не может убывать.

Теория тепловой гибели Вселенной

На основании (7) в 1852 г. Томсон (лорд Кельвин) выдвинул теорию о тепловой гибели Вселенной с которой в 1865 согласился Клаузиус. Данная теория до сих пор популярна и споры о ней продолжаются. Согласно этой теории, со времени, происшедшего с моменты Большого взрыва (13,72 миллиарда лет), происходит охлаждение Вселенной. Действительно, если согласится с тем, что следствием Большого взрыва явилось формирование атомарного водорода, то всю последующую эволюцию Вселенной можно представить как конденсацию водорода с последующим образованием звезд, их горением, сгоранием и отдачей тепловой энергии в окружающее пространство. Согласно такой теории, логично предположить, что когда все звезды выжгут водород, а образовавшиеся более тяжелые элементы в ядерных реакциях дадут начало еще более тяжелым, и так до конца таблицы Менделеева, то выделение теплоты будет закончено и постепенно процесс передачи тепла от горячих к холодным завершится, сделав невозможным дальнейшее существование жизни.

Данные современной астрономии, однако, не подтверждают теорию Томсона и Клаузиуса. В различных областях Вселенной, включая нашу Галактику, идут активные процессы образования звезд из атомарного водорода. К примеру, в Млечном пути происходит зарождение звезд в туманности Ориона [5]. Учитывая большой возраст Вселенной сомнительно, что атомарный водород, зародившийся практически в момент Большого взрыва (с 10^{-34} по 10^{-32} с от начала Большого взрыва), в процессе так называемого бариогенеза[2] [6], до нашего времени еще не весь сконцентрировался в звезды. Следовательно можно допустить, что в некоторых участках Вселенной идут процессы зарождения материи в виде атомарного водорода. Физика зарождения материи, если такой процесс действительно происходит, еще не изучена. Но сама возможность такого процесса ставит под сомнение теорию тепловой гибели Вселенной.

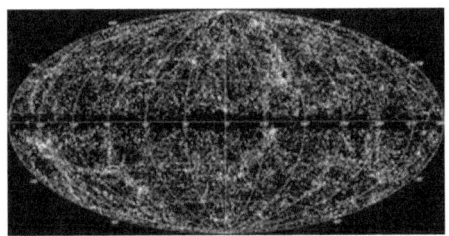

---

[2] Бариогенезом называют объединение кварков и глюонов в барионы, такие как протоны и нейтроны.

Демон Максвелла

«Демон Максвелла» это название мысленного эксперимента, придуманного Максвеллом в 1867 г и обходящего на первый взгляд Второй закон термодинамики. Представим себе сосуд с газом, в котором есть узкая перегородка. Вообразим интеллектуальную систему, пропускающую быстрые молекулы из левой в правую часть сосуда, а медленные из правой в левую. Тогда, по истечении некоторого времени, в двух частях сосуда установится разность давлений, которую можно использовать для совершения работы. На самом деле, энтропия данной изолированной системы, включающей в себя сосуд и демона, остается неизменной. Энтропия разделённых сосудов с молекулами уменьшается в той мере, в которой энтропия демона возрастает. Достигая некоторой большой величины, наше интеллектуальное устройство не сможет больше совершать такого рода работ из-за своей слишком большой энтропии. Обратим внимание на любопытный парадокс. В левой части сосуда теперь какое-то количество более холодных молекул, а в правой – более теплых. То есть мы можем совершить работу, восстанавливая тепловое равновесие.

Парадокс демона Максвелла разрешил Сциллард в 1929 г. Обсудим разрешение парадокса в эвристической форме с позиции современных представлений об энтропии.

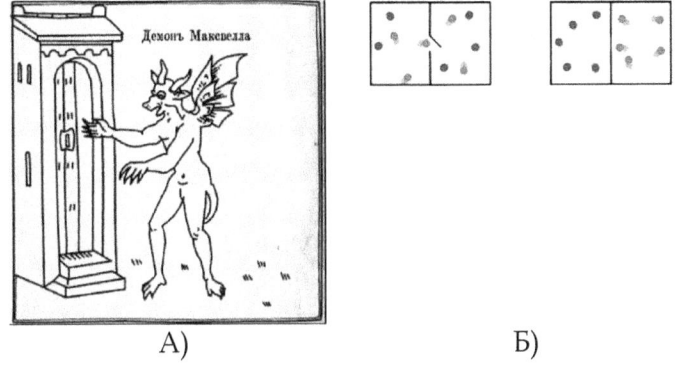

Рис. 1.
А) Иллюстрация из древней энциклопедии. Демон Максвелла закрывает дверь перед энтропией.
Б) Современное представление о работе демона Максвелла, разделяющего «холодные» и «горячие» молекулы.

Согласимся с тем, что «демон» вызвал некоторую разность давлений между левой и правой частью сосуда. Энтропия самого «демона» при этом увеличилась. Но он не совершал работы, он «думал», открывая и закрывая перегородку. Следствием его умственной работы явилась работа, выраженная в Джоулях. Если представить себе умного демона в виде компьютера, то, совершая работу, он записывал информацию на некоторый носитель.

Теперь, чтобы стереть эту информацию и совершить новую работу, он должен затратить энергию в точности равную той, которая была выиграна за счет его умственной работы. К сожалению, демон не может больше совершать работы до тех пор, пока не «отдохнет» -- уменьшит свою энтропию, для чего придется нарушить условие изолированной системы.

Третий закон термодинамики

Для полноты картины сформулируем Третий закон термодинамики, так же известный как теорема Нернста: при охлаждении энтропия уменьшается, стремясь к определенному значению, которое при нуле градусов по Кельвину равно нулю [7, 8].

Вальтер Нернст   Уильям Кельвин

Принципиальные термодинамические соотношения

Энтальпия

Подставляя в (2) выражение для количества теплоты и переформулируя работу из очевидных соображений как

$$A = pdV \qquad (8)$$

получаем уравнение, которое нередко называют основным уравнением термодинамики:

$$dU = TdS - pdV \qquad (9)$$

При переходе от идеальной к реальной физической системе приходится учитывать взаимодействия ее составляющих. Вводя понятие внутренней энергии *(U)* стоит заметить, что внутренняя энергия это энергия взаимодействия всех видов частиц, составляющих систему, между собой. Тепловая энергия является компонентой внутренней энергии. Для полноты картины определим понятие энтальпии *(H)* и энергии Гиббса *(G)*, связанных соотношением:

$$H = U + pV \qquad (10)$$

Энтальпия удобна для описания энергии открытой системы. (Процесс в открытом сосуде. Например реакция в открытой колбе при атмосферном давлении).

Энтальпия представляет собой изменение энергии открытой системы при вводе (выводе) из нее единицы массы без учета внешней (потенциальной и кинетической) энергии вводимой массы.

Продифференцировав (10) и подставив dU из (9) $dU = TdS - pdV$, получаем

$$dH = TdS + Vdp \qquad (11)$$

что является записью Первого закона термодинамики с использованием понятия энтропии.

Для описания писания химических реакций часто используют энергию Гиббса, так же называемую *свободной энергией*, или реже, *свободной энтальпией*. Отрицательное изменение ΔG означает что реакция может произойти самопроизвольно, хотя и не является достаточным условием для такого процесса.

$$dG = -S\,dT + V\,dp \qquad (12)$$

Подставляя Vdp, выраженное из (11), в (12) получаем:

$$G = H - TS \qquad (13)$$

G является так называемой характеристической функцией, так же как и U, H и F (энергия Гельмгольца)

$$dF = -S\,dT - p\,dV \qquad (14)$$

которую аналогично можно записать как:

$$F = U - TS, \qquad (15)$$

поскольку эти функции так или иначе характеризуют состояние системы. Беря производную любой из характеристических функций Ψ_i по количеству молей, вводят понятие химического потенциала μ_i $i^{\text{той}}$ функции. Химический потенциал имеет отдаленную аналогию с электрическим. Если потенциал равен нулю, реакция (ток) не идет.

Герман Гельмгольц

Джозайя Гиббс

Термодинамика поверхности

Говоря о термодинамике поверхности, надо всегда представлять себе границу раздела фаз и связанную с этим диаграмму фазовых состояний. Для воды, к примеру, диаграмма будет содержать тройную точку (точку одновременного сосуществования трех фаз воды). Она обозначена кружком и имеет координаты $T = 273.16$ К, $p = 0.062$ МПа, Рис. 2.

Говоря о самоорганизации, именно в этой точке может идти образование зародышей твердого вещества из пара или жидкости. Выше возможно образование только из жидкости (лед), ниже – из газа (снежинки). На фазовой диаграмме вверху отсутствует, к примеру, энтропия или объем. Это не значит что, изменяя объем, мы не можем изменить агрегатное состояние вещества. Аналогично диаграмме, показанной на Рис. 2, можно построить фазовую диаграмму для любой из пар переменных (p, T, V, S, n…). В каждом конкретном случае необходимо тщательно выбрать именно ту пару переменных, которая наиболее результативно описывает рассматриваемую систему. Например для описания легирования германия (Ge) мышьяком (As), фазовая диаграмма в p, T координатах будет наиболее удобна, поскольку As вводят в Ge из газовой фазы. А для описания работы компрессора лучше всего подойдет T, V диаграмма.

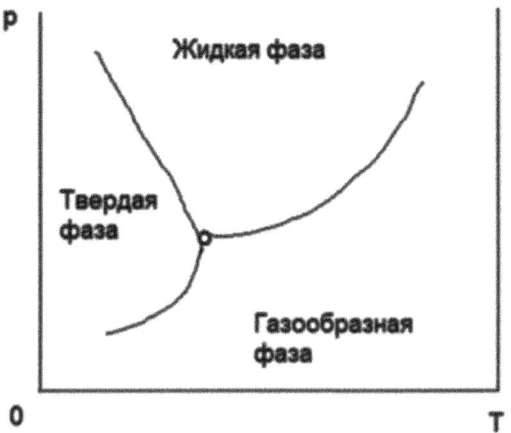

Рис. 2. Фазовая p, T – диаграмма состояний.

Достаточность описания фазового перехода однокомпонентной системы двумя величинами вытекает из более общего правила для фазовых переходов первого рода.

Фазовыми переходами первого рода называются переходы, сопровождающиеся изменением агрегатного состояния.

Примерами фазовых переходов первого рода является парообразование, плавление, сублимация.

Фазовыми переходами второго рода называются переходы, не сопровождающиеся изменением агрегатного состояния.

Примером таких переходов служит переход твердых веществ их одной кристаллической модификации в другую. Фазовые переходы первого рода сопровождаются выделением или поглощением теплоты, которую называют теплотой фазового превращения (температура остается неизменной несмотря на подвод или отвод теплоты). Кроме того, переходы первого рода сопровождаются резким изменением экстенсивных величин – объема и энтропии, делая энергию Гиббса исключительно удобной для их описания.

$$V = -\left(\frac{dG}{dp}\right)_T \quad (16)$$

$$S = -\left(\frac{dG}{dT}\right)_p \quad (17)$$

Можно сформулировать правило фаз, определяющее число степеней свободы (N) для однокомпонентной системы как:

$$p + F = C + 2 \quad (18)$$

Где: p – число фаз, F – число степеней свободы в системе и C – число компонентов.

Отметим только, что правило фаз Гиббса включает в себя не произвольное число компонентов, а только необходимый для описания системы минимум. Пример с диаграммой для H2O: тройная точка – 0 степеней свободы в координатах T и P, только в ней сосуществуют твердая, жидкая и газообразная фазы. Теперь проверим это с правилом фаз Гиббса: f=c-p+2. Число компонентов – 1 (H_2O), число фаз – 3, f=1-3+2=0. Такие точки на диаграммах называются инвариантными.

Так для двухкомпонентной системы, происходит произвольное изменение одного параметра, не приводящее к фазовому переходу (линии, параллельные абсциссе, или ординате на рисунке вверху.) Для трехкомпонентной системы невозможно изменить ни одного параметра (тройная точка на том же рисунке) без изменения состояния системы.

Переходя непосредственно к описанию поверхности, необходимо учитывать два фактора:

1. Нередко, весьма значительную площадь поверхности, отличающуюся от геометрической площади. (Площадь поверхности одного грамма нанотрубок сопоставима с площадью футбольного поля).

2. Несимметричность силового поля на поверхности, приводящего к возникновению поверхностного натяжения параллельно поверхности, ориентирующего молекулы поверхностного слоя таким образом, что может осуществляться физическое или химическое связывание.

Процессы на поверхности и в приповерхностных слоях

Поверхностное натяжение

В результате неуравновешенности сил молекулярного притяжения в объеме жидкости и на ее поверхности, поверхность стремится приобрести наименьший объем. Это приводит к возникновению силы F в плоскости поверхности. Для иллюстрации силы поверхностного натяжения возьмем рамку с проволокой (Рис. **3**). Поверхностным натяжением γ, измеряемым в Н/м или Дж/м², называют силу, которая препятствует увеличению поверхности.

$$\gamma = \frac{F}{2l} \qquad (19)$$

где l – длина проволоки.

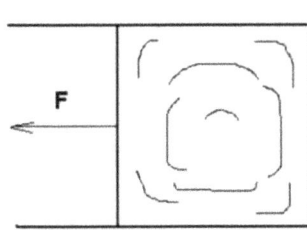

Рис. 3. Схема, иллюстрирующая поверхностное натяжение в жидкости. Сила F растягивает жидкость в проволочной рамке.

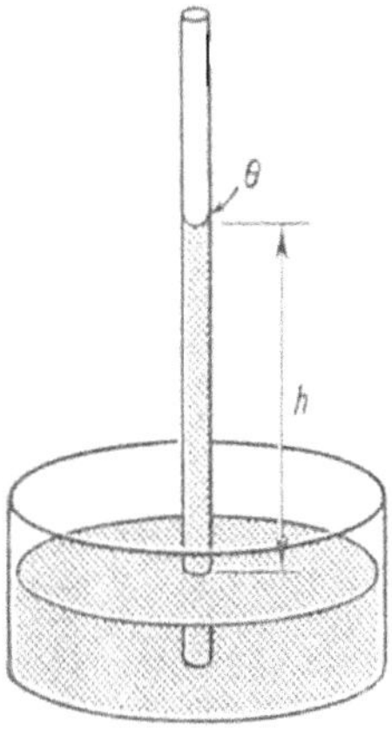

Рис. 4. Подъем жидкости в капиллярной трубке.

Множитель 1/2 учитывает существование верхней и нижней поверхности. Поведение жидкости в контакте с твердым веществом регулируется балансом двух явление: поверхностного натяжения и смачиваемости.

Наблюдая за поведением воды, поднимающейся вверх по тонкому капилляру (Рис. 4), можно заметить мениск радиуса (r) на ее поверхности. Этот мениск вызван силами смачиваемости.

Граница между жидкостью, твердым телом и газом характеризуется углом смачивания θ. Для пары вода/стекло θ = 0°, ртуть/стекло θ = 180°. В случае хорошей смачиваемости, поверхностное натяжение будет тащить жидкость вверх на высоту (h) до тех пор, пока его сила не уравновесится гравитацией (Рис. 4). Если смачиваемость не очень хорошая, θ > 0°, то:

$$2\pi r \gamma \cos\theta = \pi r^2 \rho g, \qquad (20)$$

где g – ускорение свободного падения, ρ – плотность.

Термодинамика однокомпонентных систем с поверхностью раздела

Для того, чтобы правильно описать термодинамику поверхности, будем отдельно учитывать термодинамические функции на единицу поверхности площади (А) (с верхним индексом σ), и по объему (с нижним индексом b). Так же будем считать искривление поверхности незначительным. Тогда можно записать:

$$H = H_b + Ah^\sigma \qquad (21)$$

$$S = S_b + As^\sigma \qquad (22)$$

$$G = G_b + Ag^{\sigma} \quad (23)$$

где:
$$G_b = H_b - TS_b \quad (24)$$

и
$$g^{\sigma} = h^{\sigma} - Ts^{\sigma} \quad (25)$$

Для однокомпонентной системы поверхностное натяжение γ равно обратимой работе (ω_s), которая требуется для увеличения площади поверхности на единицу при постоянных температуре и давлении. Домножая на l, и учитывая только одну сторону,

$$\gamma = \left(\frac{d\omega_s}{dA}\right)_{T,p} \quad (26)$$

В изотермическом и изобарическом процессе работа равна энергии Гиббса. Действительно,

$$dU = dq + d\omega \quad (27)$$

Где:
dq – бесконечно малое количество теплоты, $d\omega$ – бесконечно малая работа [8].
Взяв дифференциал от

$$G = H - TS,$$

подставив сюда **(27)** и раскрыв TS, получаем:

$$dG = dU + pdV + Vdp - TdS - SdT \qquad (28)$$

При постоянных температуре и давлении и получаем

$$dG = dq + d\omega + pdV - TdS \qquad (29)$$

Если изменение осуществляется с помощью обратимого процесса, а теплота dq переносится из резервуара, находящегося при той же температуре, что и система, то

$$dq = TdS \qquad (30)$$

и

$$dG = d\omega_{обр} + pdV \qquad (31)$$

Индекс "обр" подчеркивает обратимость процесса. При постоянном давлении таким образом:

$$dG = d\omega_{обр}. \qquad (32)$$

Возвращаясь к (26). В силу (32),

$$\gamma = \left(\frac{dG}{dA}\right)_{T,p} = g^{\sigma} \qquad (33)$$

Действительно,

$$\left(\frac{dG}{dA}\right)_{T,p} = \frac{\partial(G_b + Ag^{\sigma})}{\partial A} = \\ \frac{\partial G_b}{\partial A} + A\frac{\partial g^{\sigma}}{\partial A} + g^{\sigma}\frac{\partial A}{\partial A} = g^{\sigma} \qquad (34)$$

в силу (28) из

$$dG_{T,p} = dU + pdV - TdS \qquad (35)$$

что равносильно

$$dU - dU = 0$$

аналогично,

$$\gamma = \left(\frac{\partial \gamma^{\sigma}}{\partial T}\right)_p = -s^{\sigma} \qquad (36)$$

После подстановок получаем

$$h^{\sigma} = \gamma - T\left(\frac{\partial \gamma}{\partial T}\right)_p \qquad (37)$$

Данное выражение содержит величины, измеряемые практически, и потому удобно для наглядной иллюстрации термодинамических величин. Для воды при 20°,

$$C\gamma = 0{,}07275 \text{ Дж/м}^2,$$
$$(\partial \gamma / \partial T)_P = -1{.}78 \cdot 10^{-4} \text{ Дж/(м}^2 \text{ К)},$$

и поверхностная энтальпия равна 0,1162 Дж/м². Поверхностная энтальпия представляет собой затраты энергии, связанные с исчезновением жидкой поверхности. Из повседневного опыта, при испарении 1 м² жидкой поверхности энергия поглощается. Наоборот, при конденсации она выделяется. На этом явлении основан метод определения площади поверхности кристаллических веществ. Выдерживая кристаллическое вещество в паре, и добиваясь осаждения на нем тонкого слоя жуткости, вещество погружают в жидкости, и по изменению температуры жидкости находят площадь поверхности.

Упражнения для самостоятельной работы:

1. Доказать (36) и (37).
2. Показать, что

$$\left(\frac{\partial U}{\partial S}\right)_V = \left(\frac{\partial H}{\partial S}\right)_P \text{ и } \left(\frac{\partial H}{\partial P}\right)_S = \left(\frac{\partial G}{\partial P}\right)_T$$

Адсорбция и десорбция

Образование центров конденсации

Нередко весьма незначительная разница между стремлением микроскопических капель к испарению и пара к конденсации определяет формирование зародышей на твердой поверхности и рост на этой поверхности наноструктур, имеющих упорядоченный характер. Знание законов адсорбции и позволяет управлять этим процессом.

Рассмотрим изменение свободной энергии при конденсации пара. Сначала вычислим поведение ΔG при конденсации. Будем исходить из (12), продифференцировав его по давлению при постоянной температуре:

$$\left(\frac{\partial G}{\partial p}\right)_T = V \qquad (38)$$

Интегрируя это уравнение для твердого тела, где объем не зависит от давления, получаем:

$$G_2 - G_1 = V(P_2 - P_1) \qquad (39)$$

Для пара, считая пар идеальным газом, для n молей запишем:

$$PV = nRT, \qquad (40)$$

$$V = n\,RT/P, \qquad (41)$$

где R – универсальная газовая постоянная, равная 8.31 Дж/(К·моль).

В результате интегрирования получим:

$$\Delta G = -\,nRTln(P2/P1), \qquad (42)$$

Где знак минус соответствует тому факту, что при конденсации энергия выделяется. Одновременно с этим, тонкая пленка жидкости имеет тенденцию скатываться в капельки площадью $4\pi r^2$. Тогда, из левой части (33) и (42):

$$\Delta G = 4\pi r2\gamma - n\,RT\,\ln(P2/P1), \qquad (43)$$

При этом будем считать, что n это количество молей в том количестве газа, которое пошло на образование одной капли.

$$n = 4/3\pi r^3\,\frac{N_A\rho}{M} \qquad (44)$$

Где N_A – число Авогадро, ρ – плотность жидкости, M – молекулярный вес.

Тогда,

$$\Delta G = -\left(4\pi r^3\,\frac{N_A\rho}{3M}\right) + 4\pi r^2\gamma \qquad (45)$$

Продифференцировав (45) по r можно найти значение критического радиуса r_c, после которого рост капель начинает преобладать над их дальнейшим растворением:

$$\ln\frac{p}{p^o} = \frac{2M\gamma}{RT\rho r_c} \qquad (46)$$

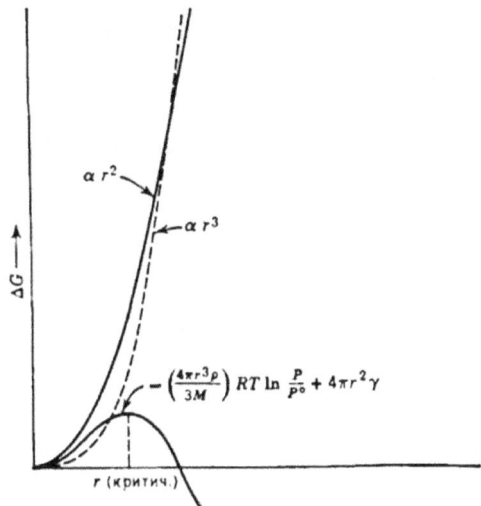

Рис. 5. Изменение изобарного потенциала при образовании капли радиуса r из пара с постоянной степенью пересыщения.

Краевой угол и сцепление с поверхностью

Мениск, образованный поверхностью жидкости, например воды в стеклянной трубке, образован за счет сил поверхностного натяжения. Силы поверхностного натяжения заставляют собираться в каплю ртуть на поверхности стекла. Эта же самая ртуть растечется по поверхности меди наподобие того, как вода растечется по стеклу. Таким образом, можно рассматривать смачиваемость как меру сцепления с поверхностью. Смачиваемость характеризуется краевым углом θ, превышающим 90° когда смачивание отсутствует и равным нулю в случае хорошего смачивания. Введем три межфазных натяжения: натяжение жидкости на границе с газом γ_{lg}, натяжение жидкости на границе с твердым телом γ_{sl}, и натяжение для пары газ – твердое тело γ_{sg}.

При равновесии должно наблюдаться равенство межфазных натяжений (Рис. 6):

$$\gamma_g \cos\theta + \gamma_{sl} = \gamma_{sg} \qquad (47)$$

или

$$\cos\theta = (\gamma_{sg} - \gamma_{sl})/\gamma_g \qquad (48)$$

Нетрудно видеть, что при значениях числителя, при которых косинус больше единицы, выражение теряет смысл, что соответствует крайним значениям смачивания.

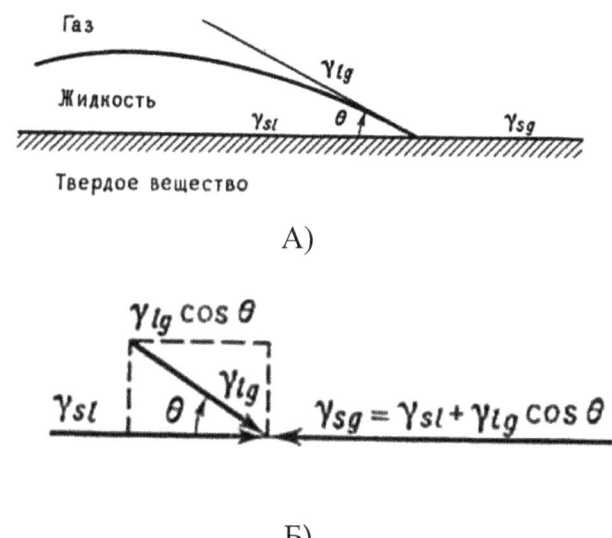

Рис. 6. Жидкость в равновесии с твердой поверхностью (А) и паром (Б)

Поверхностное натяжение растворов

Поверхностно активные вещества способны существенно влиять на поверхностное натяжение растворителей, как например жирные кислоты (мыла) на воду, уменьшая ее поверхностное натяжение (изобарный потенциал поверхности).
Гидрофильности или гидрофобность молекул зависит от ее взаимодействия с поверхностью, (Рис. 7). При этом одна и та же молекула может иметь как гидрофильные, притягивающиеся к воде, (Рис. 7 А), так и гидрофобные, оттапливающиеся от воды, (Рис. 7 Б) группировки. Молекула, разные стороны которой имеют гидрофильные группировки, называется амфифильной (Рис. 7 С).

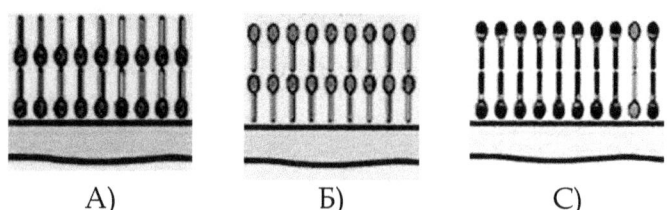

А)   Б)   С)

Рис. 7. Различные варианты расположения поверхностно активных молекул на поверхности воды.

Для характеризации влияния поверхностного активного вещества на раствор используют уравнение Гиббса.

$$\Gamma_2 = -\frac{1}{RT}\frac{\partial \gamma}{\partial \ln a_2}, \qquad (49)$$

где γ - поверхностное или межфазное натяжение, а a_2 – активность компонента 2. Для разбавленных растворов активность будем считать равной концентрации

$$\Gamma_2 = -\frac{c}{RT}\frac{\partial \gamma}{\partial c}. \qquad (50)$$

При этом поверхностно активное вещество считают фазой 2, а раствор, в который его вводят, фазой 1. Избыток компонента 2 в растворе на единицу поверхности будем называть поверхностной концентрацией и обозначать Γ_2. При отрицательных значениях производной поверхностного натяжения по концентрации, поверхностное натяжение раствора понижается.

Поверхностное давление

Представим себе поверхность воды, покрытую поверхностно активным веществом. Поверхностное натяжение воды γ_0 будет стремиться сократить ее площадь до минимума, тогда как в результате наличия пленки на поверхности воды будет действовать сила γ.

Тогда поверхностное давление, оказываемое пленкой (π) можно записать как

$$\pi = \gamma_0 - \gamma \qquad (51)$$

В случае сильно разбавленных растворов, γ линейно уменьшается с концентрацией.

$$\gamma = \gamma_0 - bc \qquad (52)$$

Таким образом, в сильно разбавленных растворах $\pi = bc$. Подставляя

$$-\frac{\partial \gamma}{\partial c} = b \qquad (53)$$

и

$$\pi = bc \qquad (54)$$

в (49) приходим к

$$\pi = \Gamma_2 RT \qquad (55)$$

Пленки на поверхности, стремящиеся образовать мономолекулярной слой, называются пленками Ленгмюр-Блоджет (ЛБ) по имени первооткрывателей. Для этих пленок справедливо

$$\pi = (1/\sigma) RT \qquad (56)$$

Где σ – площадь, занимаемая на поверхности одной молекулой.

Таким образом, без использования сложной аппаратуры можно вычислить площадь поперечного сечения одной молекулы. Действительно, представим себе, что капля бензина разлилась по-поверхности воды, заняв площадь в 1 м². Зная объем капли и через число Авогадро подсчитав количество молекул в капле, несложно найти площадь поперечного сечения молекулы. Молекула бензина находится в контакте с водой своей гидрофильной частью.

Исходя из свободного растекания пленок ЛБ по поверхности воды можно легко вычислить толщину пленки *t* и площадь поперечного сечения молекулы *a* измеряя поверхностное натяжение на поверхности воды с помощью рамки, ограничивающей края пленки, как это делал Ленгмюр, и беря на заметку площадь рамки в тот момент, когда поверхностное давление начинает резко повышаться.

Задание для самостоятельного выполнения

0,106 мг стеариновой кислоты (молекулярный вес 284, плотность (0, 85 г/см³) покрывают поверхность воды площадью 500 см² в виде свободной пленки. Вычислить площадь поперечного сечения молекулы *a*.

Адсорбция на твердых телах

Адсорбция – удержание частиц на поверхности (не путать с абсорбцией – поглощением частиц поверхностью) происходит из-за того, что по мере приближения к поверхности поверхностная энергия частиц уменьшается. Силы, вызывающие физическую адсорбцию, известны как силы Ван-дер-Ваальса. Они зависят от давления, температуры, и концентрации. Силы такой же природы вызывают конденсацию газа в жидкость. Степень адсорбции зависит от природы твердого тела и адсорбируемых молекул. Теория адсорбции была разработана Ленгмюром в 1916 г. Согласно этой теории, поверхность твердого тела состоит из элементарных участков, каждый из которых может адсорбировать одну молекулу газа. Теория Ленгмюра исходит из предположения, что:

1. Адсорбируемый газ в газовой фазе ведет себя как идеальный.
2. Адсорбция ограничивается мономолекулярным слоем.
3. Все элементарные участки имеют одинаковое сродство к молекулам газа.
4. Что присутствие молекул на одном участке не влияет на свойства соседних участков.
5. Адсорбированные молекулы локализованы, то есть не передвигаются по поверхности.

При равновесии скорость испарения адсорбированного газа равна скорости конденсации:

$$r_\theta = k(1-\theta)P, \qquad (57)$$

где θ - доля поверхности, занятой молекулами газа.

r – скорость испарения с полностью занятой поверхности при определенной температуре.

Скорость адсорбции на поверхности пропорциональна доле незанятой поверхности $(1-\theta)$ и давлению газа. Таким образом, скорость конденсации выражается произведением $k(1-\theta)P$, где k – константа при данной температуре. В эту константу входит множитель, учитывающий, что не каждая молекула, ударяющаяся о незанятую поверхность, адсорбируется.

$$\theta = \frac{kP}{r+kp} = \frac{1}{1+k'/P}, \qquad (58)$$

где v_m – объем адсорбированного газа, полностью покрывающего поверхность, и

$$k` = r/k. \qquad (59)$$

Следовательно, объем v прямо пропорционален давлению P при очень низких давлениях, когда k`P много больше единицы. Отклонения от допущений, сделанных

Ленгмюром, приводят к сложному характеру кривой адсорбции (Рис. 8). При приближении P/P_0 к единице, происходит объемная конденсация. В реальных поверхностях так же имеют место отклонения от допущений, которых придерживался Ленгмюр.

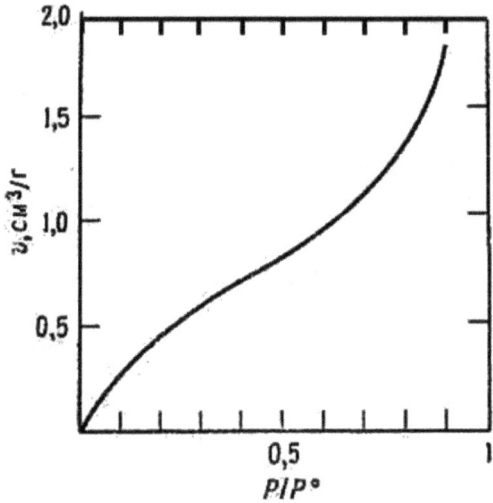

Рис. 8. Адсорбция азота на тонкоизмельченном хлористом калии [9].

В частности, реальные поверхности неоднородны, разные грани кристалла обладают разным сродством к молекулам газа, так же как дислокации, вакансии, и дефекты, вышедшие на поверхность, образуют дополнительные адсорбционные центры. Эти отклонения можно использовать контролируемым образом для осуществления на поверхности самосборки наноструктур.

Задания для самостоятельного выполнения

1. Считая степень пресыщения P/P^0 для воды равным 4, найти критический радиус капель для воды.
2. Найти радиус кристаллизации для химически чистой воды, считая что она замерзает при -40° C.
3. Чему соответствует момент повышения поверхностного давления в опыте Ленгмюра?

Самоорганизация неорганических структур и роль поверхности в ней

Самоорганизация наноразмерных упорядоченных структур является частным случаем комплексного «разумного» поведению наноструктур. Другими проявлениями такого поведения является распознавание, самораспознавание, репродуцирование, катализ, самосборка.

*Под **самосборкой** понимают эволюцию системы в направлении пространственной изолированности посредством спонтанного связывания нескольких (многих) компонентов с образованием дискретных или протяженных частиц, либо на молекулярном (ковалентном), либо на надмолекулярном (нековалентном) уровне.*

Самосборка характеризуется определенным расположением взаимодействующих атомов в твердом теле.

***Самоорганизацией** называется самосборка, происходящая самопроизвольно (без приложения внешних воздействий, например таких, как внешнее электрическое поле или температурный градиент).*

Движущей силой самоорганизующихся процессов является стремление атомной системы принять конфигурацию, соответствующую минимуму ее потенциальной энергии. Из таких процессов в твердых телах наиболее значимым и часто используемым является процесс спонтанной кристаллизации. Кристаллическое состояние вещества является более устойчивым, чем аморфное. Поэтому любая аморфная фаза предрасположена к кристаллизации. В то же время известно, что энтропия кристаллической фазы меньше, чем аморфной. Почему же возможен самопроизвольный процесс, сопровождающийся понижением энтропии? Ответ становится понятным после сравнения энтальпии H и TdS процесса. Процесс кристаллизации идет с энергетическим выигрышем по энтальпии. Выделяющаяся энергия рассеивается в окружающем пространстве, следовательно, второе начало термодинамики здесь неприменимо.

Закономерности кристаллизации определяются как индивидуальными физико-химическими свойствами самой среды, в которой он протекает, так и внешними условиями, в которых эта среда находится.

$$\Delta G = 4\pi r^2 \sigma^* - 4/3\pi r^3 \Delta g \qquad (60)$$

Изменение свободной энергии происходит с ростом размера (радиуса) зародыша немонотонно (Рис. 9).

Образование поверхности зародышей требует совершения работы над системой, в то время как формирование кристаллического объема зародышей освобождает энергию в системе. Изменение свободной энергии имеет максимум для кластера с критическим радиусом

$$r_{cr} = 2\sigma^* / \Delta g \qquad (61)$$

Образование кластеров с радиусом меньше критического требует положительного изменения свободной энергии, и система в таких условиях оказывается нестабильной. При этом существует некоторое динамически равновесное количество таких кластеров. Кластеры с размером больше критического имеют благоприятные энергетические условия для роста. Скорость зарождения кристаллитов v_n пропорциональна концентрации зародышей с критическим размером и скорости, с которой эти зародыши образуются:

$$v_n \sim \exp\left(\frac{-\Delta G_{cr}}{k_B T}\right) \exp\left(\frac{-E_a}{k_B T}\right), \qquad (62)$$

где ΔG_{cr} – свободная энергия образования критического зародыша,

k_B – постоянная Больцмана,

T – абсолютная температура.

Член exp(−$E_a/k_B T$) представляет вклад диффузии атомов в зарождение и последующий рост зародышей. Он характеризуется энергией активации E_a. Поскольку ΔG_{cr} обратно пропорционально T^2, скорость зародышеобразования изменяется как exp(−$1/T^3$). Очевидно, что зарождение каждой определенной фазы происходит в узком температурном интервале, ниже которого ничего не происходит, а указанные выше реакции протекают чрезвычайно быстро.

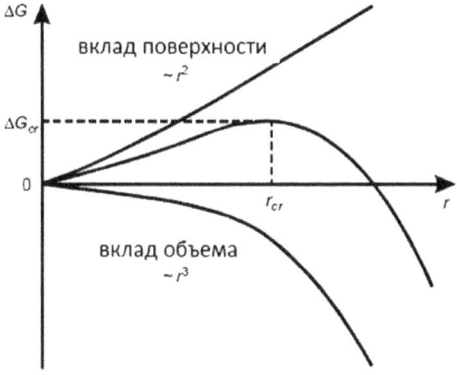

Рис. 9. Изменение свободной энергии кристаллического зародыша в зависимости от его радиуса.

Спонтанная кристаллизация широко используется для создания структур с квантовыми точками без использования литографических методов. Этим методом формируют нанокристаллиты в неорганических и органических материалах.

Заключение

В данном издании рассмотрены основные принципы термодинамики. Обсуждаются первый и второй законы термодинамики, энтропия, теория тепловой гибели Вселенной, мысленный опыт Максвелла, известный как «демон Максвелла», физический смысл температуры, энтропии. Приведены принципиальные термодинамические соотношения, содержащие энтальпию и свободную энергию.

Обсуждаются силы поверхностного натяжения, вопросы адсорбции и десорбции на поверхности, приводящие к образованию зародышей и нано-кластеров с учетом влияния поверхности и объема.

Приведены задания и вопросы для самоконтроля.

Список использованной литературы:

1. A. G. Syrkov About priority of Saint Petersburg Mining University in the field of nanotechnology science and nanomaterials // Journal of Mining University, 2016, V.221. P.730-736.
2. P.P. Weimarn, The new classification of aggregate states of matter and the fundamental law dispersoidology // Notes of Mining Institute, 1912 V.4. (2). P.128-143.
3. P.P. Weimarn, I.B. Kagan, A simple common method of obtaining any object in any state of solid colloidal solutions of any dispersity ranging from molecular // Notes of Mining Institute. 1910. V.2. (5). P.398-400.
4. Ричард Фейнман, Внизу полным-полно места: приглашение в новый мир физики, Рос. хим. ж. (Ж. Рос. хим. об-ва им. Д. И. Менделеева), 2002, т. XLVI, №5.
5. Alain Baudry, Nathalie Brouillet, Didier Despois, Star formation and chemical complexity in the Orion nebula: A new view with the IRAM and ALMA interferometers, C. R. Physique 17 (2016) 976–984

6. М. В. Сажин. Современная космология в популярном изложении. — Москва: УРСС, 2002. — С. 104. — 240 с.
7. Ф. Даниэльс, Р. Олберти, Физическая химия, Москва, Мир, 1978.
8. С.И. Исаев, Термодинамика, 3е издание, Москва, 2000.
9. Keenan A.D., Holmes J.N., J. Phys. Colloid Chem., 53, 1309, 1949.

Содержание

Введение………………………………………...4
   Термодинамика и нанотехнологии…………4
Основные законы термодинамики……………...6
   Первый закон термодинамики………………7
   Энтропия………………………………………8
   Второй закон термодинамики………………11
   Теория тепловой гибели Вселенной…………12
   Демон Максвелла……………………………14
   Третий закон термодинамики……………… 16
   Принципиальные термодинамические соотношения………………………………17
   Энтальпия……………………………………17
Термодинамика поверхности………………....20
   Процессы на поверхности и в приповерхностных слоях……………....23
   Поверхностное натяжение………………....23
Термодинамика однокомпонентных систем с поверхностью раздела…………………25
Адсорбция и десорбция……………………...30
   Образование центров конденсации……....30
   Краевой угол и сцепление с поверхностью…………………………...33
   Поверхностное натяжение растворов……..35

Поверхностное давление……………………………………..36
Адсорбция на твердых телах………………**39**
Самоорганизация неорганических структур. Роль поверхности…………………..**43**
Заключение……………………………………**47**
Список использованной литературы………..**48**

Отзывы, касающиеся содержания и оформления, могут быть отправлены по электронной почте *levinkl@gmail.com*.

Для заметок

www.ingramcontent.com/pod-product-compliance
Lightning Source LLC
Chambersburg PA
CBHW061224180526
45170CB00003B/1144